MISSION DU JAPON

POUR L'OBSERVATION

DU PASSAGE DE VÉNUS;

PAR M. J. JANSSEN.

Le passage de Vénus, qui a eu lieu l'année dernière, est un événement astronomique si considérable que les lecteurs de l'*Annuaire* s'attendent certainement à trouver, dans le Recueil de cette année, un compte rendu des résultats obtenus. Pour ma part, comme membre du Bureau et comme observateur du passage, je compte bien m'acquitter ici de ma dette; mais je crois qu'il y a avantage à reporter ce travail à l'année prochaine. Dans une année, nous connaîtrons, d'une manière complète, les résultats de toutes les missions; les mesures des photographies avanceront beaucoup; on pourra déjà apprécier la valeur des services que cet auxiliaire si précieux aura pu nous rendre. Enfin nous commencerons à pouvoir nous former une opinion motivée sur le succès définitif de cette grande opération. Mais, pour cette année même, il serait difficile de ne pas faire connaître, au moins d'une manière succincte, comment nous nous sommes acquittés de l'importante mission qui nous avait été confiée. Je vais donc donner à nos lecteurs un compte rendu très-sommaire de notre voyage au Japon et des résultats obtenus. Du reste, cette année, notre confrère, le commandant Mouchez, nous donne le récit si hautement intéressant de son courageux voyage à l'île Saint-Paul. C'est encore une raison pour ne pas multiplier actuellement maintenant ces relations de voyage.

La mission au Japon, pour l'observation du passage de Vénus que j'étais chargé de diriger, se composait du personnel suivant :

M. Tisserand, directeur de l'Observatoire de Toulouse, correspondant de l'Institut ; M. Picard, lieutenant de vaisseau ; M. Delacroix, enseigne de vaisseau ; M. Arents, chef de la photographie ; M. Chimizou, ancien élève de l'École centrale, chargé d'un appareil photographique ; plus : deux timoniers, un mécanicien, un maître-charpentier.

Sur la demande de l'empereur du Brésil, M. d'Almeida avait été attaché à ma mission par le Gouvernement français.

Instruments.

Pour la partie astronomique, la Commission du passage de Vénus avait donné à chaque station de premier ordre un équatorial de 8 pouces et un de 6 ; des instruments méridiens, des chronomètres, chronographes, etc.

Pour la Photographie, un appareil donnant,

sur plaque d'argent, des images du Soleil, de 3c,5 de diamètre environ.

Ne trouvant point ces images d'une grandeur suffisante, je jugeai à propos de joindre à cet appareil un équatorial photographique donnant des images solaires sur verre, de $0^m,11$ à $0^m,12$ de diamètre, et un second appareil formant rechange, donnant des images de $0^m,10$ environ. Ces images se rapportent comme grandeur avec celle qui a été adoptée par les autres nations.

Nous emportions, en outre, un pendule astronomique de Bréguet, un cercle géodésique de Brunner, une collection très-complète d'instruments météorologiques et photographiques, un revolver photographique, etc.

L'expédition prit bord sur le paquebot *l'Ava*, commandant Fleuriais, et quitta Marseille le 16 août.

Par son empressement gracieux, M. le commandant Fleuriais aplanit beaucoup les difficultés qui résultaient de notre grand bagage, et, grâce à cet officier distingué, la première partie de notre voyage fut très-agréable; mais, en approchant des mers de Chine, nous nous trouvions dans la saison des typhons, et il nous était réservé de traverser l'un des plus redoutables de ces météores.

Je rapporte ici la Lettre que Madame Janssen écrivait après le désastre, à des amis de France :

En rade de Hong-Kong, 26 septembre 1874.

Vous avez appris, par la dépêche adressée à M. le

Président de l'Académie, le danger dont nous avons été menacés. Nous étions heureusement sur un excellent navire, conduit par un commandant vigilant et expérimenté ; mais, à trois jours d'intervalle seulement, nous avons passé par deux cyclones, dont le second a été terrible et sera cité comme celui de Bourbon dans les annales maritimes. Au dire des commandants, des agents maritimes, de tous ceux qui naviguent dans ces mers, depuis douze ou quinze ans, on n'en a pas vu de semblable : les désastres sur terre et sur mer sont immenses.

La première fois, nous étions en mer à deux jours de Hong-Kong. Pendant vingt-quatre heures, nous n'avons pour ainsi dire pas avancé, ballottés par des vents violents et contraires et sous une pluie torrentielle; grâce à la prudence de notre commandant, nous avons pu ne pas passer au centre du cyclone; mais, la seconde fois, nous étions en rade de Hong-Kong, nous ne pouvions qu'attendre. Tout était prévu pour parer aux événements, mais nous courions un danger imminent; si la chaîne de notre ancre se rompait, nous étions jetés à la côte. Depuis 9 heures jusqu'à 2 heures du matin, le baromètre a baissé, le vent augmentait de violence et ne laissait pas d'intervalle ; cependant, vers 4 heures, le baromètre a commencé à remonter, un calme relatif s'est fait sentir. Jusqu'alors notre chaîne avait tenu bon : nous étions sauvés, nous avions seulement, en terme marin, chassé, c'est-à-dire entraîné notre ancre à environ 500 mètres, ce qui a causé un moment d'effroi aux passagers restés à terre lorsqu'ils ne nous ont plus aperçus le matin.

Voilà quelle nuit nous avons passée du 23 au 24. Au jour, nous avions sous les yeux un spectacle navrant : la ville était encore dans l'eau; la mer, encore d'une hauteur prodigieuse, nous apportait des épaves de toute nature; des mâts, des coques de navires paraissaient seuls là où nous avions vu la veille tant d'embarcations complètes et élégantes, et depuis deux jours on ne cesse de recueillir autour de nous des corps flottants.

Plus de quinze cents Chinois ont disparu avec leurs sampans, petites embarcations où vit toute la famille. Un navire espagnol, arrivé dans la matinée, a perdu quatre-vingt-dix passagers et son équipage. On compte une douzaine de navires perdus; un grand nombre ont éprouvé des pertes considérables, mais on ne peut évaluer encore le nombre des victimes. La ville offre aussi un aspect désolé. Les toits sont enlevés, les maisons écroulées en partie, les quais brisés, les rues jonchées d'arbres, de débris de toutes sortes. Cependant cette population chinoise paraît résignée, chacun va et vient, réparant les dégâts avec une tranquillité qu'on ne pourrait remarquer chez nous.

Ce soir nous avons quitté l'*Ava* et nous sommes maintenant à bord du *Tanaïs;* dans huit à neuf jours, nous espérons arriver à Yokohama.

M. Janssen ajoute :

Nous devons des éloges à notre commandant et à nos officiers, pour leur conduite pendant la tourmente. J'ai passé toute la nuit du typhon (22 à 23 septembre) avec le commandant. Je vous enverrai mes observations.

Nous arrivions à Yokohama le 3 octobre au matin.

Après le séjour strictement nécessaire à Yokohama pour nous mettre en rapport avec le Gouvernement japonais et prendre les informations indispensables, nous quittâmes cette ville pour nous rendre à Kobé dans la mer Intérieure. Là je choisis et préparai un poste d'observation pour plusieurs d'entre nous. Enfin, le 24 octobre, nous débarquions à Nagasaki, but de notre voyage : c'est de cette ville que le 10 décembre, le lendemain du passage, j'envoyais à l'Académie la Lettre suivante qui résume nos observations :

Vous avez appris, par mes deux télégrammes du 9 et du 10 décembre (1), que nous avons observé le passage.

Je vous dirai maintenant, monsieur le Secrétaire perpétuel, que, bien que le temps n'ait pas été complétement favorable, et que nous n'ayons pas

---

(1) 9 décembre 1874, à $6^h 20^m$ du soir; Secretary Sciences Academy and Instruction Minister. Paris.

« Transit and contacts obtained and determined by revolver photographic. Fine images in our telescops, no ligament. — Venus seen over Suns's corona. Glass photographics and silver plaques, clouds at intervals. Two members our mission observed with successful at Kobe. — JANSSEN. »

10 décembre 1874, à 10 heures du matin. Secretary Academy, Bureau des Longitudes and public Instruction Minister. Paris.

« Telegram sent yesterday. — Transit observed at Nagasaki and Kobe, interior contacts. No ligament, photographics, revolver, several clouds during transit. Venus seen over corona before contact, give demonstration atmospher coronal existence. JANSSEN. »

obtenu autant de photographies qu'il eût été désirable, nous devons nous estimer très-heureux d'avoir pu observer les deux contacts intérieurs et obtenu, en somme, le plus important. Cette année a été exceptionnellement pluvieuse au Japon, et, peu après notre arrivée, j'ai été extrêmement anxieux sur l'issue de l'expédition. Aussi ai-je rassemblé, sur les diverses villes pouvant nous offrir les chances les moins défavorables, tous les documents météorologiques recueillis, soit par le Gouvernement, soit par les Observatoires, les Européens résidents et même par les natifs. L'examen de ces documents ne tarda pas à me montrer que Yokohama nous offrait bien peu de chances favorables. Kobé, dans la mer Intérieure, et Nagasaki, au sud-ouest, nous étaient indiqués comme jouissant en hiver d'un meilleur climat, et, à cet égard, tous les avis compétents étaient unanimes. Je demandai donc à M. Lespès, commandant de la station du Japon, en exécution des ordres qui lui avaient été donnés, de vouloir bien nous faire conduire à Kobé. Nous fîmes le voyage sur l'aviso à vapeur le *d'Estrées*, commandé par M. le capitaine de frégate Joncla. A Kobé, je poursuivis activement mes informations; elles nous confirmèrent dans la résolution que nous avions prise, de quitter Yokohama. Entre Kobé et Nagasaki, la différence était faible; cependant Nagasaki paraissait préférable, et c'est ainsi qu'en avaient jugé les Américains qui s'y étaient établis. D'un autre côté, les circonstances astronomiques du passage y étaient plus avantageuses (Soleil plus élevé qu'à Kobé et surtout qu'à Yokohama). Je me décidai donc pour Nagasaki; mais, le beau temps n'étant nullement assuré, même dans cette dernière ville, je résolus d'avoir aussi un poste d'observation à Kobé. Ce partage, qui était possible, en raison de notre personnel et de nos nombreux instruments, nous assurait toutes les chances possibles de succès.

Le 24 octobre 1874, le *d'Estrées* nous débarquait à Nagasaki. Après nous être mis en rapport avec les autorités et la Commission américaine, nous nous occupâmes de l'emplacement de notre observatoire. Nous l'établîmes à Kompira-Yama (1), sur une haute colline qui domine la rade. Cette situation était convenable sous tous les rapports : site élevé au-dessus des vapeurs de la ville, route existante, proximité des habitations et ressources de tous genres. La grande difficulté était de transporter à cette hauteur les 250 caisses ou colis formant notre bagage. Cinq cents porteurs environ effectuèrent ce travail. En même temps, une centaine de charpentiers et de terrassiers préparaient le terrain, y élevaient des cabanes, et notre installation marcha très-rapidement. Le temps, beau d'abord, se gâta ensuite tout à fait. Des orages violents, des rafales venaient contrarier nos travaux et compromettre même notre établissement. Pendant une violente bourrasque, l'équatorial de M. Tisserand fut renversé, sa lunette et ses micromètres brisés. Heureusement, j'avais avec moi ma lunette de 6 pouces qui me servait dans l'Inde en 1868, lunette que je destinais à des observations spectrales pendant le passage. En sacrifiant ces observations, je fus heureux de mettre M. Tisserand en état de réparer ce malheur qui l'eût mis hors d'état d'observer; du reste, nous avions avec nous un outillage très-complet, forge, tour, etc., qui nous fut de la plus haute utilité

---

(1) Montagne de Kompira, dieu des typhons.

pour mettre en état nos instruments. Après cette période fâcheuse, le temps se remit, et nous pûmes commencer l'étude des instruments, faire des observations préparatoires et exercer chacun au rôle qui lui était assigné. En se servant du cercle méridien que le Bureau des Longitudes nous avait prêté, M. Tisserand détermina la latitude de Nagasaki, et obtient en ce moment une longitude qui sera très-probablement plus exacte que celle qui nous a été donnée par M. Ward. M. Picard était chargé de l'appareil photographique de la Commission; M. d'Almeida dirigeait l'appareil à revolver pour la photographie des contacts; M. Arents conduisait toute la partie photographique, et spécialement l'équatorial photographique. Les deux timoniers Michaut et Mercier nous assistaient avec zèle et intelligence.

Cependant, dès le milieu de novembre, je préparais l'expédition de Kobé. Les instruments qui devaient y être envoyés étaient essayés, réglés et les observateurs exercés. M. Delacroix, enseigne de vaisseau, emportait une lunette de 6 pouces de Bardou pour faire l'observation astronononomique; M. Chimizon avait une excellente lunette photographique (1), qui avait été rigoureusement réglée; deux chronomètres complétaient leur bagage. Le Gouvernement japonais nous donna la franchise télégraphique et fit construire à ses frais des bouts de ligne nécessaires pour mettre directement en rapport l'Observatoire de Nagasaki et celui de Kobé. Cette facilité nous permit de régler les chronomètres de Kobé sur ceux de Nagasaki, où se trouvent nos instruments méridiens. J'arrive maintenant au jour du

(1) Celle de Steinheil.

passage. Je dois dire que, quelques jours avant le phénomène, nos craintes avaient augmenté; cependant, dans la matinée du 9, le temps fut assez beau, quoique le ciel fût un peu voilé. Le premier contact est obtenu par M. Tisserand et par moi. Dans l'équatorial de 8 pouces, dont la lunette est très-bonne, l'image de Vénus se montre très-ronde, bien terminée, et la marche relative du disque de la planète, par rapport au disque solaire, s'exécuta géométriquement sans aucune apparence de ligament ni de goutte; mais il s'écoula un temps assez long entre le moment où le disque de Vénus paraissait tangent intérieurement au disque du Soleil et celui de l'apparition du filet lumineux. Il y a là une anomalie apparente qui, pour moi, tient à la présence de l'atmosphère de la planète. J'ai fait prendre une photographie au moment où le contact paraissait géométrique, et, sur cette épreuve, le contact n'a pas encore lieu. M. d'Almeida a obtenu une plaque de quarante-sept photographies du bord solaire, qui conduit aux mêmes conclusions.

Je compte discuter ces résultats, qui me paraissent conduire à d'importantes conséquences.

Après le premier contact intérieur, M. Picard et M. Arents prirent, chacun à leur instrument, autant de photographies qu'il leur fut possible, mais les nuages y mirent un grand obstacle. Enfin, vers l'instant du second contact intérieur, une éclaircie presque providentielle se produisit sur le Soleil, et nous pûmes, M. Tisserand et moi, prendre l'instant de ce second contact, qui fut obtenu avec précision. Le ciel était tout à fait couvert au moment du dernier contact extérieur, qui, du reste, a peu d'importance.

Pendant le passage même, nous recevions des

nouvelles de Kobé; nous savions que les deux premiers contacts y étaient observés, qu'une quinzaine de photographies y avaient été prises, et enfin, peu après notre observation, M. Delacroix m'annonçait qu'il avait obtenu les derniers contacts, l'extérieur seul incertain.

Telle a été, d'une manière générale, le résultat de nos observations. Nous aurions eu incontestablement des résultats plus complets avec un ciel plus pur et plus constant; mais mon expérience des voyages m'a enseigné qu'il ne faut pas trop demander, et qu'on doit s'estimer heureux lorsque tant de fatigues, de peines, de sollicitudes ne restent pas sans résultats. Du reste, dès le lendemain, la pluie qui reprenait violente et continue semblait témoigner que la Providence avait fait, au milieu de cette fâcheuse période, une courte trêve en notre faveur.

Je ne dois pas terminer sans vous parler, M. le Secrétaire perpétuel, d'une observation qui se rattache à la couronne et à l'atmosphère coronale du Soleil.

Avec des verres d'une coloration bleu violet, particulière et très-pure, j'ai pu voir Vénus avant qu'elle eût touché le disque solaire : elle se détachait comme une petite tache ronde très-pâle. Quand elle commença à mordre sur le disque solaire, cette tache complétait le segment noir, qui se trouvait sur l'astre radieux. C'était une éclipse partielle de l'atmosphère coronale. Cette observation prouve, d'une manière toute nouvelle et bien concluante, l'existence de cette atmosphère lumineuse et l'exactitude de nos observations de 1871. J'ai vu Vénus depuis environ 2 à 3 minutes de distance du bord solaire.

Nous travaillons à nos rapports à l'Académie.

Je ne dois pas terminer, sans remercier ici le Gouvernement japonais de l'accueil si distingué que nous avons reçu de lui.

Quelques jours après l'envoi de cette Lettre, je recevais de Kobé des spécimens des photographies qui y avaient été prises. Elles sont fort belles, d'une grande netteté de bord, et promettent de très-bonnes mesures. M. Delacroix me remit ensuite ses observations astronomiques qui avaient complétement réussi. Le succès de la mission de Kobé avait donc été complet.

Ce succès nous imposait l'obligation de déterminer les coordonnées géographiques de Kobé. Je m'y rendis. La longitude fut obtenue en la rattachant à celle de Nagasaki par une opération télégraphique; quant à la latitude, je la déterminai avec l'excellent cercle méridien de MM. Brunner frères.

Cette détermination de la position de Kobé permettra de rectifier l'hydrographie de la mer Intérieure.

Je revins alors à Nagasaki et nous fîmes les préparatifs de départ, non toutefois sans avoir marqué d'une manière durable la trace de notre passage par l'érection d'une pyramide sur laquelle nous avons rappelé le but de l'observation et le nom des observateurs (1).

---

(1) A Kobé, M. le Gouverneur de la province fit élever une colonne de granite dans la même intention.

Pour mes collaborateurs le but était atteint ; il ne leur restait qu'à revenir en France. Ils le firent, chacun selon sa convenance.

Quant à moi, je devais me rendre au royaume de Siam pour y observer l'éclipse totale du 6 avril, qui devait fournir l'occasion de continuer nos recherches sur l'atmosphère coronale et les dernières enveloppes du Soleil. Le temps nous favorisa : nous pûmes confirmer les résultats obtenus en 1871 et y ajouter. En outre, ce voyage fut utilisé encore par la détermination de la position actuelle de l'équateur magnétique pour l'inclinaison dans le golfe de Siam et par des études sur le mirage en mer, études qui conduisent à l'explication des variations apparentes de la hauteur de l'horizon marin, et fourniront des bases plus sûres à l'Astronomie nautique (1).

Revolver photographique.

On a vu que j'avais emporté au Japon le revolver photographique que j'avais proposé à la Commission du passage pour l'enregistrement photographique des contacts.

L'Angleterre nous avait fait l'honneur d'adopter cet instrument pour ses principales stations.

Il a bien fonctionné et a donné de bonnes

---

(1) Nous devons témoigner ici notre reconnaissance à S. M. le roi de Siam, qui mit à notre disposition pour ces études un bateau à vapeur de l'État.

épreuves dans les stations qui ont été favorisées par le temps.

Nous donnons ici une vue de l'instrument (*voir* la Planche) et rappelons la description donnée à l'Académie (séance du 6 juillet 1874).

J'ai l'honneur de présenter à l'Académie un spécimen des photographies obtenues avec un instrument dont j'ai fait connaître le principe au sein de la Commission du passage de Vénus, le 15 février 1873 (1), et que j'ai pu réaliser tout récemment.

Je disais dans la Note à cette occasion :

On sait que l'observation des contacts doit jouer un grand rôle dans l'observation du passage de Vénus.

Cette observation doit se faire optiquement, et présente des difficultés toutes spéciales. On comprend donc tout l'intérêt qu'il y aurait à obtenir photographiquement ces contacts; mais les méthodes photographiques ordinaires ne peuvent conduire à ce but, car il faudrait être prévenu de l'instant précis où ce contact va se produire pour prendre la photographie du contact, et c'est la méthode optique, avec les incertitudes qu'elle comporte, qui seule pourrait le donner. J'ai eu la pensée de prendre au moment où le contact va se produire une série de photographies à intervalles de temps très-courts et réguliers, de manière que l'image photographique de ce contact soit nécessairement comprise dans la série, et donne en même temps l'instant précis du phénomène.

C'est par l'emploi d'un disque tournant que j'ai pu résoudre la question.

(1) *Comptes rendus*, t. LXXVII, p. 667.

Dans le principe, j'avais pensé à communiquer le mouvement à l'appareil au moyen de l'électricité, mais il fut bientôt reconnu qu'un ressort comme moteur donnait plus de sûreté. C'est d'abord avec M. Deschiens, constructeur distingué, que j'ai étudié les dispositions qui devaient amener la réalisation de l'appareil. Un premier modèle fut exécuté d'une manière très-soignée par M. Deschiens, et plusieurs dispositions mécaniques lui sont dues ; mais, quand l'instrument fut terminé, il se trouva, ainsi que je le craignais, que l'appareil n'était pas exempt de trépidations nuisant à la netteté des images.

Je revins alors à une disposition que j'aurais désiré voir adopter tout d'abord par mon constructeur comme plus rationnelle, disposition où l'organe qui porte la fente et détermine par son passage la durée de l'impression photographique, au lieu d'être animé de mouvements alternatifs brusques, fait partie d'un disque animé d'un mouvement continu.

En résumé, l'appareil que j'ai l'honneur de présenter à l'Académie est formé essentiellement d'un plateau portant la plaque sensible, plateau placé dans une boîte circulaire qui peut s'adapter au foyer d'une lunette ou de l'appareil qui donne l'image réelle du phénomène à reproduire. Ce plateau est denté et engrène avec un pignon à dents séparées, qui lui communique un mouvement angulaire alternatif de la grandeur de l'image à produire. Devant la boîte et fixé sur le même axe qui porte le plateau se trouve un disque percé de fentes (dont les ouvertures peuvent se régler) et qui tourne d'un mouvement continu. Chaque fois qu'une fente du disque passe devant celle qui est pratiquée dans le fond de la boîte, une portion égale de la plaque sensible se trouve découverte, et une image se produit. Il est inutile d'ajouter que les mouvements sont réglés pour que la plaque sensible soit au repos quand une fenêtre, par son passage, détermine la production d'une image.

Au moment où j'ai été à même de reprendre la construction de cet appareil, ce sont MM. Rédier, père et fils, qui m'ont donné le concours de leur talent avec un dévouement et une activité dont je dois les remercier ici. L'appareil est sans doute encore susceptible de quelques perfectionnements de détail, mais il fonctionne déjà d'une manière très-satisfaisante : ainsi j'ai pu reproduire des passages artificiels de Vénus, et le spécimen que je place sous les yeux de l'Académie prouve que les images peuvent être obtenues avec beaucoup de netteté. Il me paraît même qu'il y a lieu d'espérer que les images photographiques seront affranchies, au moins en partie, des phénomènes qui compliquent d'une manière si fâcheuse l'observation optique des contacts. Dans tous les cas, la reproduction photographique de ces phénomènes, qu'on pourra étudier à loisir sur les épreuves, ne pourra manquer de présenter un très-haut intérêt.

EXPLICATION DE LA PLANCHE.

Fig. 1.

R′ R′ plateau denté porte-plaque.

Ce plateau est animé d'un mouvement alternatif, de manière à se trouver au repos au moment de la formation de l'image.

P plaque photographique en forme de couronne fixée au plateau. On n'en a figuré que la moitié.

T′ fond de la boîte du revolver. C'est dans ce fond que se trouve pratiquée la fenêtre F placée au foyer de la lunette et par laquelle se forme l'image sur la plaque P.

C obturateur percé de fenêtres.

Cet obturateur est animé d'un mouvement continu. Il se produit une image chaque fois qu'une de ses fenêtres passe devant la fenêtre F du fond de la boîte.

K bouton d'arrêt pour la mise en marche.

M organe pour désembrayer et conduire le revolver à la main si on le désire.

Fig. 2.

Coupe et profil de l'appareil.

Fig. 3.

Vue des pièces séparées.

AA pièce pour fixer le revolver sur la lunette.

R obturateur à fenêtres.

T′ fond de la boîte de l'instrument.

F fenêtre.

P plateau porte-plaque.

D couvercle.

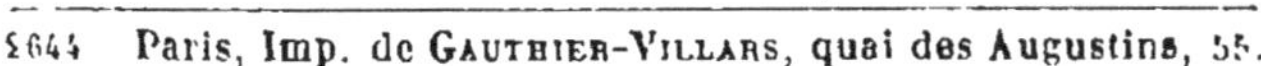

5644 Paris, Imp. de GAUTHIER-VILLARS, quai des Augustins, 55.

REVOLVER PHOTOGRAPHIQUE DE M. JANSSEN.

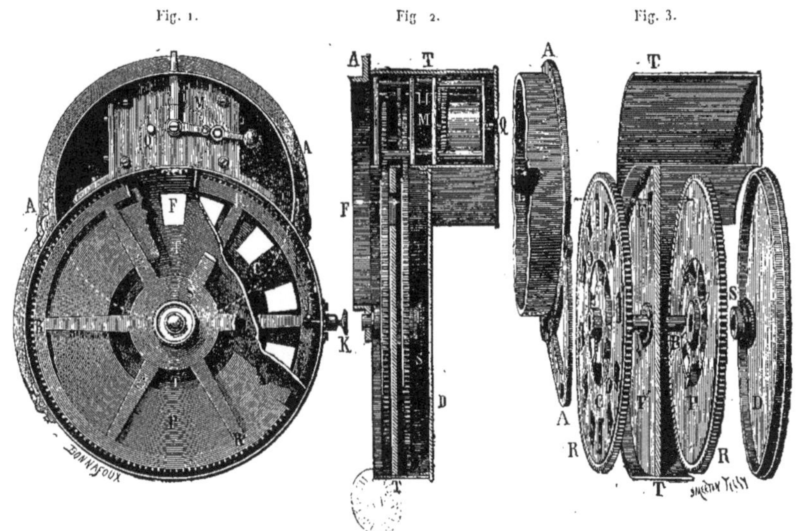

www.ingramcontent.com/pod-product-compliance
Ingram Content Group UK Ltd.
Pitfield, Milton Keynes, MK11 3LW, UK
UKHW021156230726
13926UKWH00001B/122